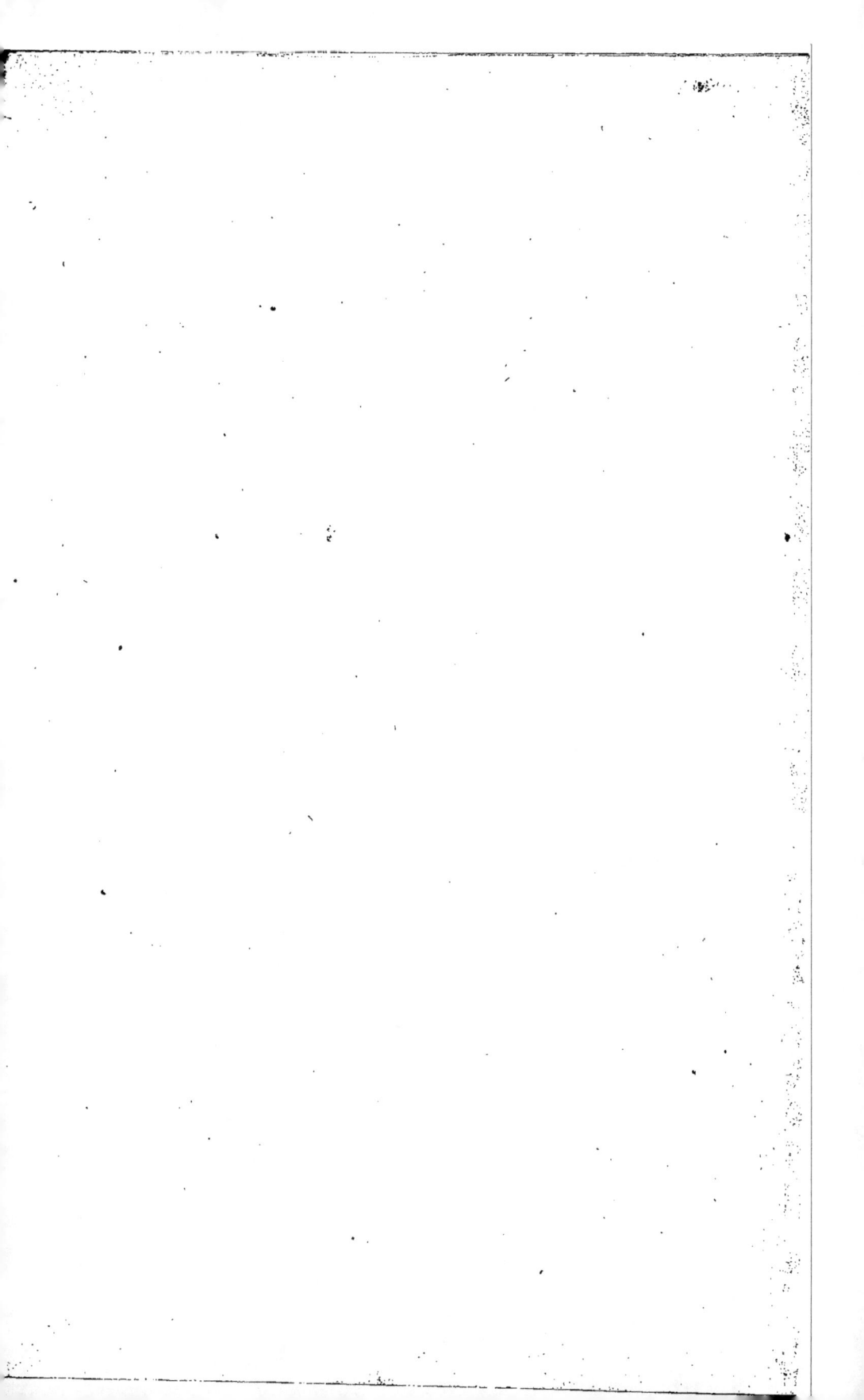

$\mathcal{S}$

ÉTUDES

SUR L'ORIGINE DU MONDE

ET

SES MODIFICATIONS SUCCESSIVES

DE L'UNIVERS

ÉTUDES

SUR L'ORIGINE DU MONDE

ET SES MODIFICATIONS SUCCESSIVES

PAR

JACQUES-LUDOMIR COMBES

PHARMACIEN

MEMBRE TITULAIRE DE LA SOCIÉTÉ GÉOLOGIQUE DE FRANCE ; — MEMBRE CORRESPONDANT DE
LA SOCIÉTÉ DE PHARMACIE DE PARIS ; — DE LA SOCIÉTÉ LINNÉENNE DE BORDEAUX ,
— ET DE LA SOCIÉTÉ D'AGRICULTURE , SCIENCES ET ARTS D'AGEN

> Quis credat tantas operum sine numine moles
> Ex minimis, cœcoque creatum fœdere mundum ?...
>
> **MANILIUS** *(Traité d'astr.)*

> Toute existence émane de l'Être Éternel, infini ; et la
> création tout entière avec ses soleils et ses mondes, chacun
> desquels enferme en soi des myriades de mondes , n'est que
> l'auréole de ce grand Être.............................
> Seul , immobile au milieu de ce vaste flux et reflux des
> Existences , unique raison de son Être et de tous les Êtres,
> il est à lui-même son principe , sa fin . sa félicité. Chercher
> quelque chose hors de lui , c'est explorer le néant........
>
> *L'abbé* DE **LA MENNAIS.**

AGEN

IMPRIMERIE DE PROSPER NOUBEL

M. DCCC. LXII

PRÉLIMINAIRE.

« Nous nous montrons ingrats, a dit Pline, dès l'instant que, recevant de si grands secours de la Nature, notre mère commune, nous prenons ses bienfaits pour un tribut accoutumé, et nous négligeons de lui prêter notre secours et notre attention pour apprendre à la connaître. »

Cette recherche, il est vrai, n'est pas facile. Peut-être même est-elle au-dessus de nos forces? Est-ce donc un motif suffisant pour rebuter l'homme que possède le désir de s'éclairer sur ce qui se passe et a pu se passer avant lui? Il n'arrivera pas à la vérité, objectera-t-on encore. Et qu'importe? Il lui sera du moins permis de l'entrevoir, et ce qu'il n'aura pu achever, d'autres peut-être le feront. Il aura d'ailleurs le mérite, mérite considérable, d'avoir jeté quelque jour sur un nombre infini d'erreurs qui enveloppent le peu de vérités connues.

Qu'il nous soit donc permis de consacrer quelques moments à l'essai explicatif de l'univers et de la terre en particulier, heureux si ce travail, fruit de longues études, ne cause point trop de peine et d'ennui!

I

DE L'UNIVERS.

GÉNÉRALITÉS, PREUVES D'UN ÊTRE CRÉATEUR.

L'univers ne peut se comprendre sans un Créateur intelligent et d'une puissance illimitée. Aussi, est-il au-dessus des forces de l'intelligence humaine de saisir à la fois l'ensemble de l'univers et ses détails infinis.

Cependant, la première pensée de l'homme intellectuel se porte sur la variété incalculable des divers objets qu'il aperçoit et des merveilles sans nombre qui l'entourent; et comme s'il avait assisté au conseil de la nature lorsqu'elle voulut procéder à son œuvre, il cherche à se rendre compte de tous les changements que celle-ci subit, des causes qui animent cette vie qui est en tout et partout; en un mot, il lui faut le secret du Créateur.

Mais à quoi arrive-t-il, si ce n'est à comprendre sa faiblesse; et, en réfléchissant à l'immensité absolue de l'univers, dont le point central est partout et la circonférence nulle part, à concevoir l'idée de celui qui a donné l'être à ces corps sans nombre suspendus dans l'espace, qui les a façonnés si vastes et répandus à l'infini, et qui y a placé sans doute d'autres créatures; à penser enfin que, comme la terre, corpuscule de l'univers, ces mondes ont aussi leurs habitants et leurs intelligences, qui, à leur tour, reconnaissent l'immense puissance de leur divin maître.

Cette idée est grande sans doute, d'autant plus grande, que nous tournons d'habitude dans un cercle plus ou moins restreint, suivant les facultés de chacun de nous. Mais l'esprit humain tend à franchir sa prison, et si on veut lui inspirer confiance et hardiesse, il faut qu'on lui ouvre l'espace pour qu'il puisse s'élever et déduire.

Alors, on comprendra qu'il n'y a rien de plus grand, de plus sublime et de plus naturel que la pluralité des mondes, ajoutant, par leur diversité de création, de forme et d'intelligence, à la variété sans fin des êtres dont il a plu au Créateur de composer ce que nous appelons la nature.

Car, pourquoi la terre, cet atome imperceptible dans l'univers, pourrait-elle seule prétendre à un tel privilége?... Pourquoi le Créateur de merveilles si grandioses et si variées aurait-il laissé son œuvre inachevé ? serait-ce volonté ? serait-ce impuissance ?..... Enfin, pourquoi réduire la conception et la puissance divine à la taille des êtres finis? Est-ce que Dieu ne fait pas aussi bien naître à son gré l'infiniment grand et l'infiniment petit ?... Et par suite, n'est-il pas plus grandiose et plus naturel tout à la fois de penser que, comme la terre, les autres planètes, qui lui sont presque toutes supérieures en grosseur relative, possèdent aussi des créatures intelligentes et capables de glorifier les splendeurs d'une puissance sans égale!

Cet ensemble si imposant des phénomènes de la nature nous montre-t-il confusion et désordre? Certainement non ; il nous fournit, bien au contraire, des preuves incalculables d'ordre et d'harmonie. Or, pouvons-nous en rapporter la cause au hasard ou à quelques circonstances fortuites ?... Il serait oiseux, je pense, de réfuter une si odieuse absurdité.

Si peu judicieux que l'on soit, si incomplètes que soient notre raison et notre science, on ne peut s'empêcher de voir les fins providentielles qui se manifestent avec éclat sur tous les points de l'univers, d'apercevoir l'ensemble des êtres sans nombre, marchant directement vers un but marqué d'avance, et de comprendre qu'à un Dieu seul peut appartenir la gloire d'une création si merveilleuse et la stabilité d'un si bel ordre.

II

DES DIFFÉRENTES COSMOGONIES.

De tout temps, l'esprit humain a cherché l'explication de l'origine du monde. Sans parler des livres saints,
les mythologies nous racontent comment il fut créé,
par qui, en combien de temps; et nous développent
l'ordre de succession du soleil, de la lune, des astres,
de la terre, des plantes, des animaux; mais ces diverses cosmogonies, ne servent qu'à prouver un fait,
l'immense désir qu'éprouve l'homme de se rendre
compte de ce qui l'entoure.

Aussi, comme les conclusions de ces anciens systèmes en partie basés sur l'imagination ne présentent
que peu ou pas de valeur, nous proposons-nous de
faire un choix, suivi d'un rapide examen, parmi les
plus ingénieux et les plus connus.

Ptolémé, astronome du IIe siècle de notre ère, est le
premier qui ait groupé en un corps de doctrine tout ce
qu'on savait sur les planètes et les lois qui les régissent.
Dans son livre, que les Arabes appellent l'*Almageste*,
il place la terre fixe et immobile au centre de l'univers
et fait tourner autour d'elle tous les corps célestes qui,

par suite, en éclairent successivement les diverses parties. Tous les astres exécutent leur révolution autour de la terre, en vingt-quatre heures, d'Orient en Occident. Une certaine quantité de cercles diversement entrelacés, représentent et expliquent la marche des planètes.

On comprend l'absurdité de ce système qui attribue forcément à la course des astres une rapidité incalculable, sans se douter de la force nécessaire pour imprimer un tel mouvement à d'aussi énormes masses. Dans cette hypothèse, le soleil parcourrait au moins 2,500 lieues par seconde. Que serait-ce donc, des étoiles situées à des distances infinies?

Copernic, chanoine polonais, du XVIe siècle, démontre au contraire que le soleil est immobile dans l'espace, et sert de centre commun à tous les mouvements planétaires qui décrivent des cercles plus ou moins grands, suivant leur circonvolution plus ou moins éloignée de cet astre. Voici l'ordre des distances au soleil des planètes qui composent notre système : Mercure, Vénus, la Terre, accompagnée de son satellite la Lune; Mars, Jupiter, Saturne et Uranus ou Herschel, avec leurs satellites; qui, quoique tournant autour des planètes principales, sont attirés par elles autour du soleil. Le mouvement apparent du jour et de la nuit serait expliqué en ce sens que chaque planète tournant autour de son axe présente successivement au soleil les diverses parties de sa surface.

Tel est, en résumé, le système de Copernic, dont l'admirable simplicité fit rejeter celui de Ptolémé. Cependant, Copernic a toujours cru que le mouvement des planètes était circulaire. Képler découvrit le premier, qu'elles décrivaient des ellipses.

Tycho-Brahé, célèbre astronome danois, né en 1548, voulut de nouveau, faire mouvoir autour de la terre le soleil avec les planètes; mais il avoua lui-même le ridicule de son système comparé à celui de Copernic.

Képler, disciple de Tycho, né en 1571, et Descartes, en 1596, contribuèrent puissamment au développement du vrai système du monde; Képler, par la découverte de ses lois, qui sont la base de l'astronomie moderne; Descartes, par ses recherches tendant à ramener aux lois de la mécanique le mouvement des divers corps célestes.

Newton, né en 1642, se rendit compte le premier de la vraie cause du mouvement des corps célestes, en démontrant ce principe : que les corps s'attirent d'autant plus qu'ils sont plus gros et plus proches; d'autant moins qu'ils sont plus petits et plus éloignés.

Buffon imagina que la terre et toutes les planètes provenaient du soleil; qu'une comète par son choc avec cet astre, aurait fait jaillir plusieurs éclaboussures qui auraient pris la forme sphérique par suite de l'attraction de leurs molécules. Ces sphères se seraient ensuite refroidies par le rayonnement dans l'espace, et la surface se figeant et s'encroûtant, arriva l'instant où les végétaux et les animaux ont pu les habiter.

Il me semble que puisque Buffon admet la création première des étoiles et d'un soleil, il pourrait tout aussi bien admettre en même temps la création des planètes; car, pourquoi, en effet, le Créateur leur aurait-il assigné une date postérieure à celle des étoiles, du soleil et des comètes?

Bien plus hardi que Buffon, Laplace ajoute une nouvelle force aux hypothèses d'Herschel. D'après ces deux célèbres astronomes, les nébuleuses, les étoiles ou les soleils, les comètes, les planètes, les satellites et tous ces nombreux bolides errants dans l'univers, devraient leur formation, à la condensation successive de la matière éthérée répandue d'abord dans l'immensité.

Ces hypothèses, simples et ingénieuses, ne pourraient pas nous expliquer sans la puissance divine d'un Créateur (quand on leur accorderait même la matière atomique et l'attraction), la diversité de nature, de composition, d'aspect, de taille et de mouvements que nous montrent les différents corps célestes. Les éléments de la physiologie végétale et animale, ainsi que les divers corps distincts que reconnaît la chimie, ne sauraient être expliqués par ce même système d'hypothèse purement matériel, ou plutôt matérialiste.

III

MA COSMOGONIE,

OU CE QUE JE PENSE DE L'UNIVERS.

§ 1.

~~~~~~~~

Pour aussi haut que l'intelligence humaine cherche à remonter dans la nuit des temps, elle est forcée de s'arrêter devant trois causes premières, qu'elle comprend, sans pouvoir les expliquer : Dieu, l'immensité, la matière.

Au-delà, notre raison et notre science ne sauraient plus rien voir ni rien comprendre. Du reste, partie insaisissable d'un tout infini, aurions-nous la sotte prétention de vouloir le juger ?...

Après avoir reconnu ces bornes et admis ces trois causes, dont les deux dernières émanent certainement de la première, mais que notre faible intelligence subdivise ainsi, pour mieux la mettre à sa portée, que pourront nous apprendre les sciences, en présence de ces causes premières, sur la création du monde, sur les lois qui régissent l'univers, et sur le but final où tout tend dans la nature?...

Voici : Dieu ayant résolu son œuvre, et voulant se servir de l'immensité et de la matière pour l'exécution de son plan, dut commencer par soumettre aux lois de l'attraction cette matière déjà répandue dans l'immensité.

Dès-lors, cette même matière, qui d'abord était sans action et sans force, se soumit à sa nouvelle loi, commença par se mouvoir dans toute son étendue, et ses diverses parties s'attirèrent et se groupèrent par masses incohérentes, plus ou moins vastes, plus ou moins raprochées, suivant la volonté du Créateur présidant à son œuvre.

Insensiblement, ces diverses masses se resserrèrent et commencèrent à présenter l'apparence de vastes corps ou cadavres disséminés dans l'espace, attendant la vie qui devait les animer, les lois faites pour les régir, et le but vers lequel ils devaient tendre.

L'électricité, la lumière, la chaleur, sources principales de vie, n'existaient pas encore; et comme pour montrer la puissance du Créateur, un élément unique, régi par une seule loi, avait jusqu'alors, fait tous les frais de la création.

Dieu voulut poursuivre son œuvre; ici nous pouvons dire avec Ovide : [1]

« Vix ita limitibus discreverat omnia certis,
« Cum quæ pressa diù massâ latuere sub ipsâ
« Sidera, cœperunt toto effervescere cœlo. »

---

[1] « A peine Dieu eut-il assigné leurs limistes à chaque partie de ce tout, que les astres, sortis des ténèbres du chaos, commencèrent à briller dans le ciel. »

OVIDE, *Métamorphoses*. Livre Ier, chap. IV.

Oui, c'est alors que le Créateur animant ces vastes corps qu'il avait déjà formés par la seule loi de l'attraction, leur donna la vie en les soumettant aux nouvelles lois du fluide galvanique, de l'électricité, de la lumière et de la chaleur; quatre agents qui n'en font qu'un, et en qui semble se résumer le grand principe de la vie. En même temps, leur fut donnée l'impulsion première des divers mouvements ou rotations immuables dont ils sont animés. Dès-lors, cessa le chaos, et s'inaugura dans la nature un nouvel ordre.

Dieu avait en effet créé, je ne crains point de le dire, des corps ayant vie. N'a-t-il pas dit que tout dans l'univers devait mourir? Or, je le demande, même aux plus sceptiques : comment cette première et si vaste création pourrait-elle mourir un jour, si elle n'a jamais vécu! Cette croyance à la vie des entités sidérales peut paraître hasardée; mais je la crois vraie.

Mais, quel était ce nouvel ordre? En quoi consistaient ces nouveaux corps auxquels le Créateur venait de donner la vie? Quelles lois enfin les régissaient?...

Procédant du général au particulier, nous pouvons dire que l'immensité dut présenter, pour la première fois, le spectacle incalculable de vastes globes lumineux, à formes sphériques, suspendus dans l'espace. Un examen un peu attentif faisait reconnaître la position relative de ces mêmes corps, disposés par groupes ou familles, et jouissant tous de la mobilité. On s'apercevait enfin, que ces divers groupes obéissaient à un centre commun, ou, si l'on veut, s'harmonisaient en formant un ensemble infini, dont on trouvait le centre partout et les bornes nulle part.

Ces grands phénomènes de la nature continuant à se

manifester sous l'empire des lois premières, l'humanité parut enfin sur la scène du monde, appelée, à son tour, à jouir de ce spectacle de la création et, dès-lors, sollicitée par le désir d'en pénétrer le mystère.

C'est alors, que par l'idée rétrospective, l'homme se posa la question des origines, et qu'après l'avoir résolue suivant tel ou tel point de vue, il arriva progressivement à l'analyse générale, puis spéciale de son premier aperçu.

C'est ce que nous allons essayer très-rapidement nous-même, aidé de la science et des idées du jour.

Le ciel, sur lequel se détachent les étoiles et tous les autres astres, présente l'aspect d'une sphère creuse dont le spectateur occupe le centre. En appliquant un peu de réflexion, on comprend clairement que ces astres sont indépendants de tout support solide, et qu'ils sont suspendus et étagés dans l'espace à toutes sortes de profondeur.

L'œil le plus inexpérimenté remarque bientôt, par suite de la différence d'éclat de ces mêmes astres, qu'ils sont groupés de manière à être facilement reconnus aux diverses figures ou plutôt constellations qu'ils se trouvent former. Telles sont, dans l'hémisphère boréal : la Petite-Ourse, la Grande-Ourse, Cassiopée, les Pléiades, etc.; et, dans l'hémisphère austral : la Baleine, Syrius, Orion, le Navire, etc.

Or, ces divers groupes, pour être remarqués, ne doivent pas changer de forme; par suite, les étoiles qui les composent doivent aussi conserver leurs distances et positions relatives, ce qui ne les empêche cependant pas de se mouvoir et de tourner en décrivant un certain genre de cercle. En cela, elles ne font qu'imiter la Lune et le Soleil; comme tous les corps célestes, elles seraient aussi soumises aux deux espèces de mouvements appelés mouvement diurne et mouvement propre, entraînant avec elles les planètes et leurs satellites.

Car ma croyance fait de chaque étoile autant de soleils qui, semblables au nôtre, servent de foyers à des systèmes planétaires imperceptibles, portant chacun ses êtres spéciaux.

Et notre soleil lui-même ne serait qu'une simple étoile fixe, dont l'éclat, la chaleur et l'étendue dépendent de la distance d'où on le regarde.

Ceci exposé, et pour mieux nous faire comprendre, parcourons rapidement ce qui a rapport à notre système solaire, plus à la portée que les autres de nos études et de notre intelligence ; il nous amènera, par déduction, à mieux nous rendre compte des différents autres systèmes planétaires, dont se compose l'univers.

Il n'est aujourd'hui aucun astronome qui conteste l'existence d'un fluide universellement répandu dans l'espace ; il doit donc sembler hors de doute que tout corps céleste, tournant dans l'espace, doit nécessairement, par sa rotation, former une espèce de tourbillon invisible dont le centre moteur serait un corps céleste.

Maintenant, comme il est parfaitement démontré que les trois lois de Képler, dont Newton a porté le principe jusqu'à la démonstration physique, sont l'expression du mouvement planétaire dans les orbes elliptiques qu'elles décrivent autour du soleil, et que ces lois sont des conséquences mathématiques de celles trouvées pour l'attraction, et réciproquement, on comprendra, par leur moyen, la force qui retient les corps célestes dans leurs orbites.

De la première des lois de Képler on conclut : que *les planètes sont soumises à l'action d'une force qui les pousse sans cesse vers le soleil;*

De la seconde, que *cette force varie en raison inverse du carré des distances;*

De la troisième, enfin, que *cette force est proportionnelle aux masses;* d'où il suit : qu'indépendamment de *leur impulsion primitive,* les planètes sont à chaque instant portées vers le soleil par *une puissance centripète, proportionnelle à leur masse, et qui varie en raison du carré de la distance.*

Telles sont, je crois, les bases de la grande loi qui régit le vaste rouage de la machine universelle, et dont la merveilleuse simplicité prouve l'incontestable puissance du Créateur.

Dans notre système solaire, le soleil occupe le centre, et c'est autour de lui que les planètes du premier et du second ordre, ainsi que les comètes, opèrent leurs mouvements elliptiques.

C'est au mouvement annuel de la terre dans son orbite qu'il faut attribuer le mouvement annuel apparent du soleil.

Indépendamment de leur mouvement écliptique, les planètes et les satellites ont, comme notre globe, un mouvement de rotation sur un axe. Ces divers corps reçoivent donc un double mouvement qui les emporte d'Occident en Orient, autour du soleil.

Après avoir étudié l'ensemble des corps célestes dans leur formation, leurs lois et leurs rapports d'harmonie, qui semble les faire tous membres d'une même famille, soumis à l'impulsion puissante et invariable d'un même chef, parcourons de la pensée quelques-uns d'entre eux, et tâchons de nous expliquer certains phénomènes, dont ils sont individuellement le siége.

Chaque étoile, ai-je dit, est un soleil. Aussi, autour de ces milliers de soleils qui paraissent à nos yeux autant d'étoiles, roulent des milliers de planètes entraînant avec elles des millions de satellites, et possédant toutes des êtres appropriés.

Mais que pourrions-nous dire sur leur distance à la terre, leur dimension, et leur composition ?

A ces questions, la science n'a encore pu donner une solution. C'est déjà beaucoup faire que de préciser la limite inférieure en deçà de laquelle aucune étoile ne peut se trouver. Il paraîtrait que la distance à la terre de l'étoile la plus rapprochée, ne saurait être aussi petite que 30,898,846,080,000,000 de mètres. Et la lumière parcourant 3,089,884,608,000 mètres par seconde, ne nous arriverait qu'au bout de 100,000,000 de secondes ou trois années. Bien plus, si William Herschel ne s'est pas trompé en posant en principe que la lumière d'une étoile de première grandeur est le double de la lumière d'une étoile de seconde grandeur, et ainsi de suite, il y aurait des étoiles de seizième grandeur, dont la lumière ne nous arriverait qu'au bout de mille ans de date. Que l'esprit se rende compte de l'immensité par de pareilles distances !

On évalue à 34 millions de lieues environ la distance du soleil à la terre.

Quant à leurs dimensions, Wollaston est parvenu à prouver par des calculs photométriques que Syrius doit avoir au moins deux fois la grosseur du soleil, et cela, d'après la lumière qu'il projette dans l'espace, et la distance à laquelle on le suppose placé. Qu'on juge ensuite de la dimension de ces divers corps, et s'il est logique, ainsi que plusieurs l'admettent, de penser que cette vaste création n'a été faite que pour embellir la nature et plaire à nos yeux?...

D'après les calculs, le soleil aurait un diamètre de 320,000 lieues, et son volume serait 1,326,472 fois plus considérable que celui de la terre.

Mais, si la science ne peut rien préciser relativement à la distance et à l'étendue de ces divers corps célestes, quelle idée concevoir de leur composition et de leurs modifications successives? Qu'on me permette toutefois de hasarder, en quelques mots, mes croyances à cet égard?

Le premier élément répandu dans l'immensité devait sans doute avoir pour partage l'expansion au plus haut point. Par suite des modifications déjà mentionnées de ce même élément, les divers corps célestes prirent d'abord la forme de nébuleuses, de matières gazeuses ensuite, plus tard, enfin, de vastes masses incandescentes. Le refroidissement s'opérant sur ces diverses masses, elles auront subi, d'après les lois de la chaleur rayonnante, un abaissement de température proportionnel à l'étendue de leur masse. Donc, toutes choses étant égales d'ailleurs, les grandes masses devront mettre à se refroidir beaucoup plus de temps que les petites. On comprendrait par là pourquoi la terre et les autres planètes, vu leur grosseur relative, auraient déjà subi depuis les temps primitifs, un abaissement de température tel qu'elles peuvent être devenues habitables, tandis qu'au contraire, les étoiles et notre soleil sont encore, vu leur énorme grosseur, à l'état incandescent.

On pourra juger du temps qu'il aura fallu à notre pla-

nète pour en arriver à sa température actuelle, lorsqu'on saura que, d'après les calculs des géologues, le globe terrestre pourrait bien compter 300,000 ans d'existence (s'entend, avant la création de l'homme).

Quand le diamètre du soleil diminuerait, par l'effet de la combustion, de $0^m 67$ par jour, ce qui est immense pour un corps aussi vaste, cette diminution qui se traduirait par le chiffre de 160 lieues après 3,000 ans, ne nous serait pas perceptible à la distance de 44,000,000 de lieues où nous sommes de cet astre, malgré le secours des plus parfaits instruments.

De toutes ces observations, je crois être autorisé à dire que le soleil, vu les taches qu'il nous offre, leur irrégularité, leur nombre et leur mouvement, est une masse embrasée et soumise à d'immenses éruptions; que les taches sont formées par de profondes cavités dont quelques-unes sont là pour que notre planète y entre aisément, fût-elle deux fois plus volumineuse; de plus, qu'une atmosphère lumineuse enveloppe cet astre dont la densité est à celle de la terre comme 1 est à 2,543.

Je ne saurais terminer l'exposé de mes idées sur un si bel ordre de choses, sans parler des comètes.

Pour ne pas répéter ce que tout le monde sait, je me bornerai à dire : que ce sont des corps célestes de la nature des planètes qui apparaissent extraordinairement dans l'espace et qui se meuvent autour du soleil, dans des ellipses extrêmement allongées.

On les appelle comètes (astres chevelus), parce qu'elles se montrent ordinairement accompagnées d'une traînée vaporeuse ou queue, qui devient d'autant plus lumineuse et allongée, qu'elles ressentent davantage la chaleur du soleil en s'approchant de cet astre.

Après plusieurs retours au périhélie, les substances évaporables d'une comète, ayant diminué chaque fois, doivent finir par ne présenter qu'un noyau fixe, et quelquefois si petit, que l'astre devient pour toujours invisible.

La comète de 1770 est celle qui s'est le plus rapprochée de la terre. Sa distance n'était que de 8,000 lieues. Cependant, il est peu probable que deux corps aussi petits, et avec les lois qui les régissent, se rencontrent jamais. D'ailleurs, la masse des comètes est de si faible dimension, qu'elles doivent subir l'influence du mouvement planétaire.

Quant aux éclipses, la précision avec laquelle les astronomes sont parvenus à calculer et à prédire même leur durée, leur étendue et l'instant où elles commencent, doit nous convaincre de la certitude de la science à cet égard.[1]

---

[1] On sait que ces circonstances dépendent de la situation relative du soleil, de la lune et de la terre.

MA COSMOGONIE,

OU CE QUE JE PENSE DE L'UNIVERS.

§ 2.

———————

Ainsi que je l'ai déjà dit, la terre, dès son origine, a dû commencer sous la forme d'une nébuleuse, devenir ensuite matière gazeuse, et, plus tard, masse incandescente. Le refroidissement s'opérant toujours, en vertu des lois de la chaleur rayonnante, est peu à peu arrivé à ce point que les vapeurs aqueuses, jusque-là suspendues dans l'atmosphère, ont pu se condenser, et que la terre est devenue habitable.

En comparant sa vitesse dans son orbite et celle de sa rotation, J. Bernouilli a cherché le point où elle avait pu être frappée pour qu'il en résultât les deux mouvements qu'on lui reconnaît ; et il a trouvé que la direction de l'impulsion première a passé, non par son centre de gravité, mais un peu plus loin.

Chacun sait que la forme de la terre est celle d'un ellipsoïde. Or, quelle peut être l'explication de cette forme particulière? La voici : la terre, dès son principe, a dû se trouver solide ou fluide. Si elle était solide lorsqu'elle a commencé à tourner sur son centre, la rotation n'a pu lui faire changer de forme. Si, au contraire, elle était fluide, il n'en sera pas de même; et comme tout fluide prend avec le temps la figure d'équilibre correspondant aux forces qui le sollicitent, elle aura dû s'aplatir dans le sens de l'axe de rotation, par suite se renfler à l'équateur et s'aplatir aux pôles. Or, telle est réellement la configuration de notre planète, ce qui prouve nécessairement, selon la judicieuse observation d'Arago, qu'elle a été fluide dès le principe.

Ainsi que nous l'avons déjà dit, la terre, dont la densité est environ cinq fois plus grande que celle de l'eau distillée, a dû avoir sa période d'incandescence, et son enveloppe ne s'est formée que par le refroidissement; cette enveloppe a une épaisseur de 40,000 à 120,000^m, tandis que la masse entière a un diamètre d'au moins 11,600,000^m, et compte pour distance moyenne, du point central à la surface, 5,800,000 mètres.

Fourier a trouvé, après un examen sévère, que la température des espaces que sillonne la terre annuellement, n'est que de 50 à 60 degrés au-dessous de zéro. Et cette température de l'espace ayant sans doute pour cause le rayonnement des étoiles, doit demeurer à peu près constante, quand même le soleil et les planètes qui l'accompagnent viendraient à disparaître de la scène du monde.

Puisque nous nous occupons de la surface de notre globe, cherchons à nous rendre compte des différentes sources de chaleur qu'il recèle.

La température de la surface de la terre résulte évidemment du soleil; car la chaleur intérieure du centre ne peut plus désormais influer sur la température de la surface. Fourier a démontré expérimentalement que la chaleur du centre de la terre, perdue par la surface, ne dépassait pas la trentième partie d'un degré. Nous n'avons donc pas à nous préoccuper de cette chaleur centrale, bien qu'elle soit appelée à subir des modifications dans un avenir plus ou moins prochain.

De toutes les sources de chaleur, celle du soleil est sans comparaison la plus puissante. Mais il est encore une multitude de causes accidentelles qui développent de la chaleur; telles sont la vie des animaux et des plantes, les actions chimiques, etc.

Quant à la chaleur centrale, chaleur propre et originelle de notre globe, la science est parvenue à découvrir qu'elle va croissant de un degré centigrade par 30 mètres de profondeur, jusqu'au point extrême des cavités explorées; mais on ignore si cette proportion est vraie de ce point au point central.

La température moyenne de la terre, prise dans sa masse et à sa surface, n'a pas varié d'un dixième de degré dans l'espace de 2,000 ans. Ceci nous expliquerait la manière lente par laquelle la nature procède à ses œuvres et à ses modifications successives, et qui assurerait encore, pour une suite de temps incalculable, une température (provenant du soleil) favorable aux besoins et à l'existence de l'humanité sur la terre. Mais, comme la lenteur du temps n'empêche pas les causes et leurs effets, il pourrait bien arriver une époque, quoique fort éloignée sans doute, où le soleil, se refroidissant peu à peu, réchaufferait insuffisamment de ses rayons affaiblis la surface de la terre; et alors on comprend qu'il en serait fini de l'homme et de la plupart des créatures.

Cette marche lente, mais constante, par laquelle procède la nature, semble se prêter très-justement au chiffre d'environ 300,000 ans que les géologues, d'après de savants calculs, attribuent à l'existence du globe, de son origine à la création de l'homme.

Il est, jusqu'à présent, impossible d'avoir des notions exactes sur ces premiers temps; tout au plus a-t-on le droit d'avancer que le monde aurait été formé en plusieurs époques ou périodes d'une durée indéterminée, et que la création de l'homme n'a été faite qu'en dernier lieu et comme complément de l'œuvre éternelle.

La science géologique appuie solidement cette doctrine. Pénétrons vers le centre de l'écorce terrestre et examinons les couches primitives : nous ne verrons d'autres restes que ceux d'êtres ayant occupé les dernières classes de nos règnes naturels. Remontons maintenant vers la surface de l'écorce terrestre, et suivons les diverses couches transversales; nous recueillerons les débris d'êtres plus compliqués et d'une création plus noble, jusqu'à ce que, arrivés aux couches supérieures, nous retrouvions les fossiles des animaux encore existants. Ainsi, tandis que dans les couches primitives on ne rencontre que quelques cryptogames, on aperçoit dans les supérieures quelques zoophites et mollusques; en continuant de remonter, on voit des poissons, des reptiles, des oiseaux; viennent ensuite, par ordre supérieur : les mammifères et le singe, cantonnés dans les couches les moins anciennes. L'homme seul est absent de ce vaste ossuaire; sa création est donc postérieure à ces diverses époques, dont la durée particulière a dû nécessairement comprendre plus de vingt-quatre heures, comme semble l'indiquer la traduction littérale, mais sans doute inexacte, des livres saints.

« Dans le monde tel qu'il est fait, dit un écrivain, on emploie une expression vague, tolérable peut-être, mais qu'en ce cas il ne faudrait pas prendre à la lettre. Puis, il semble qu'on se fait un plaisir de l'entendre dans le sens rigoureux. Ensuite on en tire des conséquences, on plie les faits et on a par là de faux résultats qu'on adapte à des circonstances gratuites. On élève ainsi un édifice qu'on croit solide, parce qu'il est haut et que beaucoup de monde y a travaillé, édifice que pourtant renversera un souffle. »

Pourquoi donc ne pas rendre l'idée par les mots qui lui sont propres, et fausser l'esprit de ceux qui s'en rapportent aux principes établis par la nature et l'usage?

Du reste, l'Histoire sacrée ne commence à rendre compte avec détail, et comme étant là seule qui l'intéresse principalement, que de l'époque de la création de l'homme. Jusque-là, son récit passe comme d'un coup d'aile sur les diverses créations antérieures.

Mais revenons au centre de notre globe; voici les trois hypothèses scientifiques qu'on a émises sur la forme et la composition du noyau terrestre :

1° Un noyau liquide et en fusion;

2° Un noyau solide, et probablement métallique;

3° Absence de noyau, ou cavité centrale sphéroïdale.

Ayant déjà, dans un travail précédent,[1] traité avec

---

[1] *Fumel et ses environs.* — *Recherches géologiques, paléontologiques, botaniques*, etc., etc...... — Agen, P. Noubel, 1851.

développement cette question, je me résumerai en disant que la grande chaleur naturelle du centre de la terre favorisant les réactions chimiques qui s'opèrent entre les différents corps, il en résulte de nouveaux produits généralement gazeux ou fusibles qui, exerçant sur l'enveloppe une pression d'autant plus forte qu'ils sont plus accumulés, peuvent bien être les causes de ces phénomènes terrestres. Ajoutons que si la pression est assez forte pour déterminer une issue à l'extérieur, un volcan en sera la conséquence. Si, maintenant, le volcan ou son cratère se trouvent fermés, ou trop étroits pour la quantité des produits à rejeter, un tremblement de terre aura lieu. C'est ce qui explique les oscillations ou secousses qui se font sentir ordinairement avant et quelquefois même pendant l'éruption.

Mais de ces dégagements de gaz internes résulte, par refroidissement et condensation, une diminution de volume; de là, un vide dans l'intérieur de la terre et par suite, *un affaissement* de la croûte terrestre perpendiculaire à ce vide. D'un autre côté, la force de ces mêmes corps, qui tend à s'ouvrir un passage, peut bien s'exercer en soulevant, mais pas assez pour fendre ou percer une portion de croûte souvent assez épaisse; ce qui explique la formation des montagnes ou hauteurs soudaines qui ont généralement pour résultat d'amener un *affaissement* quelconque dans d'autres parties de la croûte pourvues d'une moindre épaisseur.

Le nombre des volcans actifs qui existent, et qu'on évalue à 163, dont 67 sur le continent et 96 dans les îles, prouve bien que l'intérieur de notre globe n'est pas encore à l'état de repos, comme assurent plusieurs géologues. On suppose même que les volcans sous-marins sont plus nombreux que ceux des îles et continents, ce qui tendrait à prouver que l'eau est un des grands principes moteurs qui président à ces grands phénomènes.

Aujourd'hui, comme autrefois, la terre a ses perturbations. Certains géologues évaluent même à un par jour le nombre moyen des tremblements de terre plus ou moins sensibles; mais les mouvements sont moins brusques qu'autrefois et de bien moindre étendue à cause de la plus grande résistance de la croûte, ainsi que de son élasticité progressive. Aussi en est-on naturellement amené à croire que le nombre des volcans va toujours en diminuant, et que l'écorce terrestre, se solidifiant de plus en plus, les divers phénomènes internes verront de plus en plus leur action s'amoindrir à sa surface.

Voici le moment d'exposer nos idées sur la seconde enveloppe terrestre qu'on est convenu d'appeler atmosphère. Nous croyons ne pouvoir mieux faire qu'en empruntant quelques pages, sur cette grande question, à deux de nos précédents ouvrages : [1]

« Or, si nous posons en principe que tous les corps organisés de notre globe ont été disposés de manière à pouvoir vivre dans les milieux où la nature les a placés; et que si, par suite de l'instabilité de ces milieux, les conditions naturelles de leur existence viennent à changer pour quelques-uns, leur organisation restant la même d'ailleurs, ils cessent de vivre, eux et leur es-

---

[1] 1° *De l'atmosphère.* — Agen, 1854.

2° *Résumé des causes principales de l'apparition et de la disparition des divers corps organisés sur la terre.* — Agen, 1857.

pèce, jusqu'à ce qu'une nouvelle organisation respira-
toire se produise chez de nouveaux êtres et les appro-
prie au changement de milieu qui s'est opéré ; nous de-
vrons naturellement comprendre que cette même
atmosphère doit remonter à l'époque la plus ancienne
de tous les corps simples et composés qui forment la
terre, et qu'ensuite elle a dû subir un grand nombre de
modifications successives qui ont pu permettre à la
terre de se former, et aux divers animaux et végétaux
qui l'habitent, de venir successivement, suivant les modifications diverses qu'elle a subies.

« Les divers terrains sédimentaires offrent nettement
les preuves irrécusables d'un développement organique
régulier et successif.

« Ainsi, on aperçoit d'abord, presque exclusivement,
les types de l'organisation animale la plus simple. Ce
sont des animaux invertébrés, rayonnés, crustacés, mollusques, respirant par la surface du corps tout entière.

« Viennent ensuite, avec les insectes, les animaux
vertébrés. Des reptiles gigantesques, des poissons cou-
vrent alors la terre ou peuplent les eaux : tous, animaux à sang froid et munis d'appareils respiratoires
supérieurs à ceux des espèces précédentes.

« Les mammifères, dont quelques-uns avaient déjà
paru, se multiplient longtemps après, respirant à l'aide
de poumons, organes vésiculeux à cavités petites et in-
nombrables.

« Ce n'est que bien plus tard que l'homme qui, avant
cette époque, n'aurait pu vivre, vient à la tête d'une
nouvelle création comme complément définitif de l'œuvre divine sur la terre.

« Identique est le développement imprimé au règne

végétal; dès le principe, la structure est simple; ce ne sont que des cryptogames, purs organes vasculaires. Les phanérogames gymnospermes et monocotylédones arrivent ensuite; et les phanérogames dicotylédones viennent, en dernier lieu, prendre le premier rang.

« Il est à remarquer aussi que les grands changements survenus dans le règne animal et végétal ont eu lieu presque simultanément. Les animaux dont l'organisation est supérieure ont paru en même temps que les végétaux dicotylédones, que nous regardons comme les plus complets.

« Ce qui nous porte à dire que, parmi les animaux comme parmi les végétaux, les plus simples ont dû précéder les plus complexes.

« Or, quelles peuvent être les lois qui ont présidé à ce tordre successif de création et d'extinction partielle d'un grand nombre d'espèces?...

« En vertu du principe déjà posé, je n'hésiterai pas à ramener ces lois à deux grandes causes qui sont :

« 1º Les modifications diverses et successives, générales ou partielles de l'atmosphère;

« 2º Les modifications correspondantes des organes ou appareils respiratoires opérées dans les divers corps organisés résultant des nouvelles créations successives.

« On voit déjà que la seconde de ces deux grandes lois n'est qu'une conséquence forcée de la première, qui nous montrera *les grandes modifications générales* ou, d'après notre regrettable ami, M. Alcide d'Orbigny, *les grandes époques du monde animé.*

« Il sera donc facile de comprendre, par tout ce qui précède, que l'apparition et la disparition successives ou simultanées des êtres organisés sur la terre, dépen-

dent uniquement de l'organisation particulière à chacun
de ces mêmes êtres et relative au milieu dans lequel ils
ont été appelés à vivre; et qu'ils ont apparu ou disparu
successivement ou simultanément, suivant que l'organisation particulière à chacun d'eux leur permettait de
vivre ou non, après telle ou telle modification de l'atmosphère qu'il a plu à l'Être suprême de *vouloir*.

« Il nous sera démontré, par suite, que les mêmes
lois doivent être la cause de l'ordre de distribution ou
de superposition des corps organisés fossiles dans les
différents terrains sédimentaires, ordre qui, *sauf des
remaniements partiels,* est, à très-peu d'exceptions près,
le même que celui de leur création.

« Après avoir suivi l'atmosphère dans ses diverses
modifications, depuis son principe jusqu'à la modification précédemment expliquée, nous allons voir quelle
pouvait être sa composition particulière relative à celle
d'aujourd'hui.

« D'abord, elle devait se trouver comme saturée par
une grande quantité d'acide carbonique, qui, jointe à
une certaine élévation de température et à une grande
humidité, activait la végétation primitive du globe et
aidait à la formation des roches calcaires qui ont pu
paraître avant la création des corps organisés; car, ce
qu'il y a de remarquable, c'est l'énorme différence de
taille qui existe entre les végétaux du même genre qui
vivaient autrefois et ceux qui vivent aujourd'hui. Ils ap-
partiennent presque tous à la classe que M. Ad. Bron-
gniart appelle cryptogames vasculaires; ce sont : les
genres fucoïdes (ou fucus d'aujourd'hui); calamites
(prèles d'aujourd'hui); pecopteris (ou fougères et familles des lycopodynées d'aujourd'hui).

« Si pour bien faire apprécier la différence de vigueur dans la végétation d'alors et celle d'aujourd'hui, il m'est permis de citer quelques exemples comparatifs, je dirai :

« 1° Que les prêles d'aujourd'hui, même dans les régions les plus chaudes, sont bien inférieures en hauteur à celles que l'on a trouvées dans le terrain houiller à l'état fossile ;

« 2° Que tandis que les fougères, dans les climats froids, s'élèvent à peine sur le sol, atteignent trois à quatre pieds dans les climats tempérés, et de quinze à vingt au plus sous les tropiques, on en a trouvé dans le terrain houiller ayant jusqu'à soixante-dix et quatre-vingts pieds.

« 3° Les lycopodes, enfin, qui, de nos jours, ne dépassent pas de dix-huit pouces à deux pieds, même sous les tropiques, ont été trouvés dans le terrain houiller ayant une longueur de soixante à soixante-dix pieds.

« Or, l'acide carbonique, et par suite le carbone, étant le principe générateur des plantes, on ne peut douter, vu ce que nous venons de dire, que ce développement n'est dû qu'à la grande quantité d'acide carbonique dont l'air devait être saturé, plus une certaine élévation de température jointe à une grande humidité du sol.

« Une preuve encore de la grande quantité d'acide carbonique qui devait saturer l'atmosphère, résulte des animaux qui vivaient alors et dont l'organisation supportait l'impureté de l'atmosphère intolérable aux espèces supérieures dans l'échelle du règne animal. Les mollusques et les crustacés sont les seuls qui vivaient à cette époque, divisés ainsi qu'il suit : mollusques comprenant les genres orthocère, enomphale, conulaire, producte, etc.; crustacés comprenant tous les genres de trilobites.

« Ce n'est qu'après que les grands végétaux ont eu absorbé le grand excès d'acide carbonique répandu dans l'atmosphère, qu'une nouvelle partie supérieure du règne animal se montra sur la terre : ce furent les grands reptiles, parmi lesquels nous signalerons le monitor, le plésiosaurus, le ptérodactyle, l'ichthyosaurus, le géosaurus, etc., et plusieurs espèces voisines des crocodiles; presque tous ces animaux sont d'une taille gigantesque; on y voit aussi les genres gryphée et ammonite. Parmi les végétaux, on remarque certaines plantes appartenant à la famille des conifères et des cicadées, ainsi que de nouvelles espèces de fougères, etc.

« Mais l'atmosphère était considérablement chargée, c'est ce qui faisait que les animaux à sang chaud qui veulent un air bien plus pur que ceux à sang froid, ne pouvaient encore vivre sur la terre. Enfin, la végétation continuant à absorber une partie du carbone de l'air, les mammifères purent peupler le globe. C'est alors qu'on vit ces grands mammifères, dont plusieurs espèces sont perdues. Les plus remarquables font partie de l'ordre des pachydermes, comprenant les genres palœotherium, anoplotherium, lophiodon, mastodonte, etc. Cette époque vit aussi la création des oiseaux (cailles, bécasses, cormorans, chouettes, etc.), des crocodiles, tortues, et des poissons qui parurent alors en quantité. C'est vers cette époque qu'on pourrait placer la création de l'*homo diluvii testis* de Scheuchzer, qui prit pour les restes fossiles d'un homme une salamandre gigantesque, ainsi définie par G. Cuvier.

« Enfin, l'atmosphère, purgée de son excès d'acide carbonique, qui n'était plus abondant que dans les sources minérales qui sortaient en grand nombre des entrailles de la terre, alimentées par l'extrême chaleur de l'intérieur du globe, l'atmosphère, dis-je, permit aux végétaux dicotylédons et aux divers mammifères de se multiplier. Et ce fut bientôt après que l'homme, qui, avant cette époque, n'aurait pas pu prospérer, vint faire sa noble apparition sur la terre. »

Nous ne saurions terminer ce qui concerne l'atmosphère terrestre, sans ajouter qu'elle est le siége des plus étonnants phénomènes. C'est là que l'on voit les effets remarquables de la réfraction et de la réflexion de la lumière, le développement des sept rayons de cet agent formant l'arc-en-ciel par les gouttelettes d'eau suspendues dans l'air; les autres météores aériens, nuages, pluie, grêle, orages, qui ont tous pour cause première le calorique et l'électricité.

Si nous nous en rapportons au témoignage de Saussure, le ciel paraît noir lorsqu'on s'élève au-dessus de l'atmosphère; le fluide qui remplit l'espace n'exerce pas, croit-on, de frottement sensible, ce qui fait dire que l'espace est librement traversé par le calorique et la lumière.

C'est encore à la densité plus considérable de l'air à la surface de la terre que l'on doit attribuer la chaleur plus forte que nous y éprouvons, relativement à celle que nous ressentirions dans les couches plus élevées, les rayons solaires y étant absorbés en plus forte proportion, en raison même de la plus grande densité de l'air.

On sait aussi que le poids de l'atmosphère est très-considérable, si considérable qu'aucun être vivant n'y résisterait s'il ne contenait en lui une certaine quantité d'air qu'il renouvelle sans cesse, et qui, par son élasticité, fait équilibre à la pression.

Des calculs faits montrent que le volume de l'atmosphère n'est que le 29me de celui de notre globe, et son poids le 43 millième.

Laplace, qui a calculé la proportion du renflement qui s'opérait sous l'équateur et sous les pôles, a trouvé que ce renflement était dans le rapport différentiel de 3 à 2, différence nécessitée par la diversité de chaleur reçue sur ces deux points; car on sait que l'atmosphère se dilate ou se comprime avec la chaleur des rayons solaires.

Telles sont les considérations principales par lesquelles nous terminerons nos études sur un sujet si vaste et si varié.

CONCLUSIONS.

—

De ces études sur l'univers, que pouvons-nous rai-
sonnablement conclure?

D'abord : qu'un si bel ordre de choses ne peut être
le résultat du hasard, et que l'univers ne peut se comprendre sans un Créateur intelligent et d'une puissance
infinie;

Que le monde a été formé en plusieurs époques ou
périodes, d'une durée et d'un nombre indéterminés, et
que la création de l'homme n'a été faite qu'en dernier
lieu;

Que les mêmes lois d'ensemble qui gouvernent le
monde n'ont nullement changé depuis leur principe;

Que les étoiles, le soleil, les planètes, et par suite la
terre, sont des êtres vivants, et que, quoique la sensibi-
lité paraisse leur manquer, il ne doit pas s'en suivre
qu'ils ne puissent être doués d'un principe de vie diffé-
rent du nôtre, il est vrai, mais qui les fait tous tendre
vers un seul et même but déjà fixé par le Créateur;

Que, comme les animaux et les plantes, on pourrait comprendre le soleil et ses planètes sous un
nouveau règne de la nature, et dire : Le *règne
sidéral*, comme on dit déjà le *règne animal* et *le*

règne végétal ; ce nouveau règne pouvant et devant même remplacer le règne minéral qui n'étant qu'une partie ou organe de ce tout, ne paraît certes pas réunir un égal principe de vie ;

Qu'on peut dire encore que ces corps ont vie, parce qu'on ne peut comprendre une si vaste création, de si grandes masses et dans un si bel ordre, sans croire qu'elles ont leur but et leur mission à remplir dans cet immense univers, et que, comme l'a dit le Créateur, tous devant mourir un jour, il faut par suite que pour se conformer à la loi commune, cette création se trouve, elle aussi, avoir déjà vécu ;

Que, comparés entre eux, tous les corps célestes paraissent montrer de la différence dans leur grosseur, leur composition, leur température ou leur position relatives ; et que, quoique soumis à une même cause et aux mêmes lois d'ensemble, chacun d'eux présente une variété incalculable de résultats ;

Que les planètes ayant des satellites, telles que la Terre, Jupiter, Saturne, Uranus, etc., pourraient bien avoir été, dès l'origine, autant de soleils particuliers pour ces satellites ; et que par suite de modifications provenants du rayonnement de la chaleur dans l'espace, ces corps, alors incandescents, ont pu depuis, vû leur moindre grosseur relative, s'être plus rapidement refroidis et de manière à devenir habitables ;

Qu'il n'est contraire ni à la science ni à la tradition catholique de penser que le Créateur a donné l'être à ces corps sans nombre, suspendus dans l'espace ; qu'il y a placé sans doute des créatures vivantes qui reconnaissent et glorifient de toutes part leur divin maître, ainsi que les splendeurs d'une puissance sans égale.

Si, maintenant, nous jetons les yeux sur notre propre planète ne serons nous pas amenés à conclure :

Que, comme toutes les autres planètes, elle a dû depuis son origine, passer par trois états successifs : nébuleux, gazeux et incandescents? et qu'en vertu du refroidissement occasionné par le rayonnement de la chaleur dans l'espace, elle a pu enfin devenir habitable?

Que le point où elle a dû être frappée pour avoir à exécuter le double mouvement que nous lui connaissons, a dû être un peu plus loin que le centre de gravité; c'est-à-dire, que sa projection première ou direction d'impulsion, n'a pas passé par son centre de gravité?

Que la température de sa surface résulte presque en entier du soleil et nullement de son centre ou chaleur propre, et que sans avoir plus à nous occuper des diverses modifications de la chaleur centrale de notre planète, impuissante désormais sur l'existence de l'homme, il pourrait arriver que le soleil finit, lui aussi, par ne réchauffer qu'insuffisamment de ses trop faibles rayons la surface de la terre, et qu'il en serait fini de l'humanité et de la plupart des créatures?

Que la terre est encore bien jeune, et qu'elle a un bien grand nombre de siècles à vivre si du moins il est vrai que la durée de la vie se trouve être relative au temps que l'organisme vital met ordinairement à se développer ? [1]

---

[1] Il serait alors facile de juger de sa jeunesse et par suite du temps qu'elle aurait encore à vivre ; et si on admet comme très-probable l'espace de 300,000 ans qu'elle aurait déjà mis à accomplir ses diverses modifications jusqu'à la création de l'homme, époque où elle semble ne devoir entrer que dans l'*adolescence* ou période de calme et de tranquillité, il serait alors admissible, qu'elle doit vivre encore plus d'un million d'années.

Que l'écorce terrestre se solidifie tous les jours de plus en plus, et que les divers phénomènes internes perdent insensiblement de leur intensité sur sa surface?

Que les phénomènes terrestres désignés sous le nom de tremblement de terre, volcans, solfatares, affaissements et hauteurs, ont pour cause la grande chaleur centrale de la terre qui favorise les réactions chimiques?

Qu'enfin, l'atmosphère qui enveloppe notre planète doit remonter à l'époque la plus ancienne des corps simples ou composés formant la terre, et qu'elle a dû subir un grand nombre de modifications qui auront permis d'abord à la terre de se former, et, plus tard, aux divers animaux et végétaux, de faire leur apparition successive, toujours suivant les changements opérés dans ce milieu où le Créateur a jugé convenable de les faire vivre?[1]

---

[1] Les divers terrains sédimentaires offrent nettement, sauf des remaniements partiels, les preuves irrécusables d'un développement organique régulier et successivement progressif.

TABLE DES MATIÈRES.

Agen, Imprimerie de Prosper Noubel.